四川省工程建设地方标准

四川省基桩承载力自平衡法测试技术规程

Technical Code for Self-balanced Testing Method of Foundation Pile Bearing Capacity in Sichuan Province

DBJ51/T045－2015

主编单位：	四 川 省 建 筑 科 学 研 究 院 四 川 嘉 泉 科 技 有 限 公 司
批准部门：	四 川 省 住 房 和 城 乡 建 设 厅
施行日期：	2 0 1 5 年 1 2 月 0 1 日

西南交通大学出版社

2015 成 都

图书在版编目（CIP）数据

四川省基桩承载力自平衡法测试技术规程 / 四川省建筑科学研究院，四川嘉泉科技有限公司主编. —成都：西南交通大学出版社，2015.10

（四川省工程建设地方标准）

ISBN 978-7-5643-4326-2

Ⅰ. ①四… Ⅱ. ①四… ②四… Ⅲ. ①桩承载力－平衡法－测试技术－技术规范－四川省 Ⅳ. ①TU473.1-65

中国版本图书馆 CIP 数据核字（2015）第 236769 号

四川省工程建设地方标准

四川省基桩承载力自平衡法测试技术规程

主编单位 四川省建筑科学研究院
四川嘉泉科技有限公司

责任编辑	曾荣兵
封面设计	原谋书装
出版发行	西南交通大学出版社 （四川省成都市金牛区交大路 146 号）
发行部电话	028-87600564　028-87600533
邮政编码	610031
网　　址	http: //www.xnjdcbs.com
印　　刷	成都蜀通印务有限责任公司
成品尺寸	140 mm × 203 mm
印　　张	1.5
字　　数	39 千
版　　次	2015 年 10 月第 1 版
印　　次	2015 年 10 月第 1 次
书　　号	ISBN 978-7-5643-4326-2
定　　价	22.00 元

图书如有印装质量问题　本社负责退换

关于发布四川省工程建设地方标准《四川省基桩承载力自平衡法测试技术规程》的通知

川建标发〔2015〕537号

各市州及扩权试点县住房城乡建设行政主管部门，各有关单位：

由四川省建筑科学研究院、四川嘉泉科技有限公司主编的《四川省基桩承载力自平衡法测试技术规程》，已经我厅组织专家审查通过，现批准为四川省推荐性工程建设地方标准，编号为：DBJ51/T045－2015，自2015年12月1日起在全省实施。

该标准由四川省住房和城乡建设厅负责管理，四川省建筑科学研究院负责技术内容解释。

四川省住房和城乡建设厅

2015年7月17日

前　言

根据四川省住房和城乡建设厅川建标发〔2013〕614号）要求，以四川省建筑科学研究院和四川嘉泉科技有限公司为主编单位，由省和市相关检测单位、设计单位、施工单位等组成编制组共同编制。在编制过程中，编制组经过广泛的调查研究、现场试验，认真总结实践经验，参考国家及地方有关标准，并在广泛征求意见的基础上，制定本规程。

本规程共有 6 个章节 3 个附录，主要内容包括：1 总则；2 术语和符号；3 基本规定；4 检测系统及安装；5 现场测试；6 测试数据的分析与判定。

本规程由四川省住房和城乡建设厅负责管理，四川省建筑科学研究院组织技术解释。鉴于自平衡测试技术在四川省应用时间不长，有待于进一步完善和提高，希望各单位在执行本规程时，注意总结经验，积累资料，并及时将意见和建议反馈给四川省建筑科学研究院（地址：成都市一环路北三段 55 号；邮编：610081），以供今后修订时参考使用。

本规程主编单位：四川省建筑科学研究院

　　　　　　　　四川嘉泉科技有限公司

本规程参编单位：中国建筑西南勘察设计研究院有限公司
中节能建设工程设计院有限公司
四川省川建勘察设计院
四川省建设工程质量安全监督总站
四川省建筑设计研究院
成都市建工科学研究设计院
成都市建筑设计研究院
核工业西南勘察设计研究院有限公司

本规程主要起草人：范燕红 何开明 任 鹏 田 嘉
李开奇 李泉根 王洪发 李学兰
刘泳钢 邱 耘 张家国 张春雷
余德彬 陈追田 陈 彬 肖 军
周 勇 胡家述 徐华林 章一萍
颜光辉 吴志坚

本规程主要审查人：康景文 邓荣贵 邓开国 黄光洪
代爱国 杨先平 林 东

目　次

Contents

1 总　则

1.0.1　为了在基桩承载力自平衡法测试中贯彻执行国家的技术经济政策，做到安全适用、技术先进、确保质量、数据准确、评价正确、保护环境，制定本规程。

1.0.2　本规程适用于桩身平衡点处于桩下部的大直径混凝土灌注桩承载力的测试与评价。

1.0.3　基桩承载力自平衡法测试除应执行本规程外，尚应符合国家现行有关标准的规定。

2 术语和符号

2.1 术 语

2.1.1 基桩 foundation pile

桩基础中的单桩。

2.1.2 平衡点 balanced point position

基桩上段桩桩身自重及桩的极限侧阻力之和与下段桩桩的极限侧阻力及桩的极限端阻力之和基本相等的位置。

2.1.3 基桩承载力自平衡法 self-balanced method of foundation pile bearing capacity

将荷载箱放置在桩身平衡点或桩底位置，通过荷载箱逐级加载，利用位移丝（棒）观测在荷载箱加载力作用下的上段、下段桩体的向上、向下位移，分别测试上段桩、下段桩的极限承载力或桩的极限端阻力，由计算确定单桩竖向抗压极限承载力的试验方法。简称自平衡法。

2.1.4 荷载箱 loading box

自平衡法检测中放置于桩身平衡点或桩底位置的专用加载装置。它主要由活塞、顶盖、底盖及箱壁四部分组成。

2.2 符 号

2.2.1 几何尺寸

A——荷载箱承压底板面积；

A_p——桩端面积；

D——荷载箱下承压板直径。

2.2.2 作用与作用效应

W——桩身自重；

W_p——有效堆载重量；

$Q_{u上}$——荷载箱上段桩实测极限承载力值；

$Q_{u下}$——荷载箱下段桩(或下承压板)实测极限承载力值；

Q_{pk}——桩端极限阻力值；

Q_u——单桩竖向抗压极限承载力值；

R_a——单桩竖向抗压承载力特征值；

$s_{上}$——荷载箱上段桩体的位移，简称上位移；

$s_{下}$——荷载箱下段桩体（或下承压板）的位移，简称下位移。

2.2.3 计算系数

ψ_p——大直径灌注桩端阻力尺寸效应系数；

λ——桩侧抗拔、抗压阻力比。

3 基本规定

3.0.1 基桩承载力自平衡法测试数量应符合下列规定：

1 为设计提供依据时，测试数量按设计要求执行，在相同条件下不应少于3根。

2 用于工程桩检测时，测试数量不应少于同一条件下桩基分项工程总桩数的1%，且不应少于3根；当总桩数小于50根时，测试数量不应少于2根。

3.0.2 基桩承载力自平衡法测试最大加载量应符合下列规定：

1 为设计提供参数的试桩应加载至桩侧或桩端的岩土阻力达到设计要求值或承载力极限状态；

2 工程桩检测时，最大加载量应不少于单桩竖向承载力特征值的2倍或达到单桩竖向承载力极限值。

3.0.3 进行基桩承载力自平衡法测试前，应根据试验场地的岩土工程勘察报告估算桩的极限侧阻力与极限端阻力。当桩的极限端阻力小于桩的极限侧阻力且桩身平衡点位置处于桩下部时，宜将荷载箱与钢筋笼连接并放置在桩身平衡点位置，测试单桩竖向抗压极限承载力；当桩的极限端阻力大于或等于桩的极限侧阻力时，宜在桩底放置承压板为刚性板的荷载箱，测试桩端土层的极限承载力。

3.0.4 测试单位在进行基桩承载力自平衡法测试前，应根据收集的资料，制订检测实施方案。

3.0.5 进行基桩承载力自平衡法测试时，桩顶部宜高出试坑底面，试坑底面宜与桩承台底标高一致；测试桩的休止期应符合《建筑基桩检测技术规范》JGJ 106 的规定。

3.0.6 当测试桩用作工程桩时，应在试验结束后对荷载箱千斤顶顶出后产生的空隙进行注浆处理。

4 检测系统及安装

4.1 一般规定

4.1.1 基桩承载力自平衡法测试系统主要包括加载系统和位移测试系统。其中加载系统主要包括荷载箱、油管、油泵、压力表或压力传感器；位移测试系统主要包括位移杆、护管、位移传感器或大量程百分表、基准桩、基准梁。系统安装示意图详见本规程附录 A。

4.1.2 荷载箱必须经有资质的国家法定计量部门整体标定，并取得校准合格证书。

4.1.3 荷载箱加载能力应满足设计试验桩或工程桩测定极限加载能力的要求。

4.1.4 荷载箱应经耐压检验合格后方可出厂，现场不得拆卸或重新组装。

4.1.5 基桩承载力自平衡法测试中放置桩端的荷载箱下的承压板应采用刚性板。

4.2 加载系统

4.2.1 荷载箱必须是具有相关资质生产厂家生产的合格产品，应有铭牌，注明规格、额定压力、额定输出推力、质量、出厂编号、制造日期等。

4.2.2 荷载箱出厂前应具有耐压检验报告，且荷载箱在 1.2

倍额定压力下持荷 30 min、在额定压力下持荷 2 h 以上不应出现泄漏、压力减小值大于 5% 等异常现象。

4.2.3 荷载箱的有效行程应不小于 100 mm，荷载箱外观尺寸宜与桩的钢筋笼内径尺寸基本一致。

4.2.4 荷载箱使用前应采用连于荷载箱油路的测压传感器或压力表测定油压，并根据荷载箱率定曲线换算荷载。

4.2.5 用于水下混凝土灌注的荷载箱外部形状设计应有利于桩底沉渣排出。

4.2.6 工程桩测试采用的荷载箱构造应能确保荷载箱千斤顶顶出后产生的空隙有利于浆液的填充。

4.2.7 试验用压力表、油泵、油管在施加最大荷载时的压力不宜超过额定压力的 80%，压力表精度应优于或等于 0.5 级。

4.3 位移测试系统

4.3.1 位移可采用电子位移计或百分表测量，测量误差不得大于 0.1%FS，分辨力优于或等于 0.01 mm。

4.3.2 每根测试桩应对称布置不少于 2 组（每组不宜少于 2 个）的位移测试仪表，分别用于测定荷载箱处的向上、向下位移；桩径较大时应增加位移测试仪表数量，测量点应沿桩周均匀分布。

4.3.3 测量值取每组的平均值，桩顶位移可直接取桩顶中心点进行测量。

4.3.4 基准桩与测试桩之间的中心距离应大于等于 3 倍的受测桩直径，且不小于 2.0 m。

4.3.5 基准梁应具有足够的刚度，梁的一端应固定在基准桩上，另一端应简支于基准桩上。

4.4 系统安装

4.4.1 荷载箱埋设位置应符合下列要求：

1 当极限端阻力小于极限侧摩阻力且桩身平衡点位置处于桩下部时，将荷载箱置于平衡点处，使上、下段桩的极限承载力基本相等；

2 当极限端阻力大于或等于极限侧摩阻力时，荷载箱应置于桩端；

3 当需要测试桩的分段承载力时，可采用双荷载箱或多荷载箱。

4.4.2 荷载箱应水平放于钢筋笼中心，其位移方向与桩身轴线的夹角不应大于1°。

4.4.3 荷载箱的上下板应分别与平衡点位置处的上下钢筋笼的钢筋焊接，并应分别设置喇叭状的导向钢筋。导向钢筋应符合以下规定：

1 导向钢筋一端与环形荷载箱内圆边缘处焊接，另一端与钢筋笼主筋焊接，焊接质量等级应满足荷载箱的安装强度要求；

2 导向钢筋的数量与直径应与钢筋笼主筋相同；

3 导向钢筋与荷载箱平面的夹角应大于60°。

4.4.4 位移杆应能将荷载箱处的位移传递到地面，并应具有一定的刚度。

4.4.5 保护位移杆的护套管应与荷载箱上下板焊接，多节护套管连接时可采用机械连接或焊接方式，焊缝应满足强度要求，并确保不渗漏水泥浆。

5 现场测试

5.1 一般规定

5.1.1 测试工作宜按图5.1.1的程序进行。

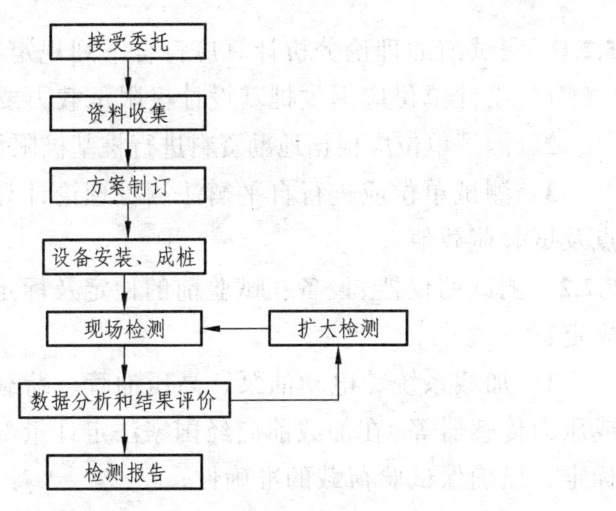

图5.1.1 测试工作程序框图

5.1.2 测试方案应包含以下内容：

1 工程概况；

2 地质条件（各岩土层与桩基有关的参数、各试桩位置的地质剖面图或柱状图）；

3 桩基设计要求、施工工艺、检测目的、检测要求及进度；

4 根据设计要求确定荷载箱的个数、位置和最大加载值；

5 检测桩的施工要求和所需的机械或人工配合等；

6 安全措施和质保体系。

5.2 测试准备

5.2.1 测试前的理论分析计算应符合下列规定：

1 设计单位应提供桩基设计极限承载力要求；

2 测试单位应根据地勘资料进行桩基极限承载力分析；

3 测试单位应进行自平衡法测桩理论计算，确定平衡点及试验荷载值。

5.2.2 测试用仪器、设备在试验前的检定及标定应符合下列规定：

1 加载系统（电动油泵、高压油管、荷载箱、压力表或压力传感器等）在加载前应经国家法定计量部门进行系统标定，以确保试验荷载的准确性；

2 测试用所有设备（位移计、压力表）应由国家法定计量部门在实验室进行调试、标定。

5.2.3 测试前应对仪器设备进行检查、调试。

5.2.4 当预计出现上段桩桩身自重及桩的极限侧阻力之和小于下段桩桩的极限侧阻力及桩的极限端阻力之和时，可根据现场实际情况在桩顶增加堆载配重，混凝土桩头宜按《建筑基桩检测技术规范》JGJ 106 相关规定进行处理。

5.3 现场试验

5.3.1 自平衡法试验应采用慢速维持荷载法。

5.3.2 试验加载、卸载应符合下列要求：

1 加载应采用逐级等量加载，分级进行；分级荷载宜为最大加载量或预估上（下）段极限承载力的 1/10，其中第一级可取分级荷载的 2 倍。

2 卸载应分级进行，每级卸载量可取分级加载荷载的 2 倍，逐级等量卸载。

3 加载、卸载时应使荷载传递均匀、连续，无冲击，每级荷载在维持过程中的变化幅度不得超过分级荷载的 10%。

5.3.3 慢速维持荷载法应符合下列规定：

1 每级荷载施加后第 5 min、15 min、30 min、45 min、6 0min 测读桩上下段位移量，以后每隔 30 min 测读一次。

2 位移相对稳定标准：上、下桩位移量均不超过 0.1 mm/h，并连续出现两次（从分级荷载施加后第 30 min 开始，应按 1.5 h 连续三次每 30 min 的位移观测值计算），即可施加下一级荷载。

3 卸载时每级荷载应维持 1 h，按第 15 min、30 min、60 min 测读桩位移量后，即可卸下一级荷载；卸载至零后测读桩残余位移量，维持时间应为 3 h，测读时间为第 15 min、30 min，以后每隔 30 min 测读一次。

5.3.4 当出现下列情况之一时，可终止加载。

1 某级荷载作用下位移量大于前一级荷载作用下位移量的 5 倍，且位移总量超过 40 mm。

2 某级荷载作用下位移量大于前一级荷载作用下位移量的 2 倍，且经 24 h 尚未达到相对稳定标准。

3 已达到设计要求的最大加载量。

4 当荷载-位移曲线呈缓变型时，可加载至位移量 60 mm ~ 80 mm；在特殊情况下，根据具体要求，可加载至累计位移量超过 80 mm。

5 荷载已达荷载箱加载极限或荷载箱两段桩位移已超过荷载箱行程。

5.3.5 试验记录表和结果汇总表格式及荷载箱参数表可参见本规程附录 B，由数据采集仪器根据采集的测试数据自动编制。

5.4 荷载箱填充注浆

5.4.1 预埋的注浆管强度应能确保在钢筋笼吊装和混凝土灌注以及注浆过程中不破损；预埋数量应根据不同桩径设置，不应少于 2 根。

5.4.2 注浆材料宜采用强度等级不低于 42.5 的水泥。填充注浆施工前，应进行室内浆液配比试验和现场注浆试验，注浆体应充填饱满。

5.4.3 注浆前应用泵送清水冲洗试验后留下的空隙，直到相邻注浆管返回的水流变清澈，方可进行注浆；当相邻注浆管返回的浆液与注入浆液浓度接近时，可终止注浆。

5.4.4 注浆施工时应对施工情况进行详细记录，记录表格参见本规程附录 C。

6 测试数据的分析与判定

6.1 试验数据分析

6.1.1 测试数据的处理应符合下列规定：

1 应提供单桩竖向静载试验记录表和结果汇总表，格式宜符合本规程附录 B 的要求；

2 应绘制荷载与位移量的关系曲线 $Q_{u上}$ - $s_{上}$、$Q_{u下}$ - $s_{下}$ 和位移量与加荷时间的单对数曲线 $s_{上}$ - lg$t$、$s_{下}$ - lg$t$，或可绘制其他辅助分析所需曲线。

6.1.2 $Q_{u上}$ 和 $Q_{u下}$ 的确定应符合下列规定：

1 对于陡变型 $Q_{u上}$ - $s_{上}$、$Q_{u下}$ - $s_{下}$ 曲线，取其发生明显陡变的起始点对应的荷载值；

2 上段桩取 $s_{上}$ - lg$t$ 曲线尾部出现明显向上弯曲的前一级荷载值，下端桩取 $s_{下}$ - lg$t$ 曲线尾部出现明显向下弯曲的前一级荷载值；

3 出现本规程第 5.3.4 条第 1 款、第 2 款情况，取前一级荷载值；

4 对缓变型 $Q_{u上}$ - $s_{上}$、$Q_{u下}$ - $s_{下}$ 曲线，按位移值确定承载力值，$Q_{u上}$ 取对向上位移 $s_{上}$ = 40 mm 对应的荷载值，$Q_{u下}$ 可取 $s_{下}$ = 0.05D 对应的荷载值（D 为桩端直径；当荷载箱放置桩端时，D 为荷载箱下承压板直径）；

5 当按本条第 1 ~ 4 款不能确定时，宜分别取向上、向下两个方向的最大试验荷载作为上段桩极限荷载值和下段桩极限荷载值。

6.2 单桩极限承载力的确定

6.2.1 荷载箱位于平衡点位置时，单桩竖向抗压极限承载力可按下式计算确定：

$$Q_{u}=(Q_{u下}-W_{上}-W_{p})/\lambda+Q_{u下} \quad (6.2.1)$$

式中 Q_{u}——单桩竖向极限抗压承载力（kN）；

$W_{上}$——上段桩桩身自重（kN）；

W_{p}——有效堆载重量（kN）。

λ——桩侧抗拔-抗压阻力比（对于碎石土、砂土，取0.7；对于黏性土、粉土，取0.8；对于岩石，取1。若上部有不同类型的土层，λ可按土层厚度加权取值）。

6.2.2 对非扩底桩，当荷载箱位于桩端时，单桩竖向抗压极限承载力按下列公式计算确定：

$$Q_{u}=(Q_{u上}-W-W_{p})/\lambda+Q_{pk} \quad (6.2.2\text{-}1)$$

$$Q_{pk}=\psi_{p}\times Q_{u下}\times(A_{p}/A) \quad (6.2.2\text{-}2)$$

式中 W——桩身自重；

A——荷载箱承压底板面积；

A_{p}——桩底面积；

ψ_{p}——大直径桩端阻力尺寸效应系数，按 JGJ 94 中相关规定取值。

6.2.3 带扩底的大直径端承桩的单桩竖向抗压承载力按下式计算确定：

$$Q_u = Q_{pk} \quad (6.2.3)$$

6.3 单桩承载力结果评价

6.3.1 为设计提供依据的单桩竖向抗压极限承载力的统计取值，应符合下列规定：

1 参加统计的测试桩不少于 3 根时，当极差不超过平均值的 30%，取其平均值作为单桩竖向抗压极限承载力；当极差超过平均值的 30% 时，应分析极差过大的原因，结合工程具体情况综合分析，必要时可增加测试桩数量。

2 测试桩数量少于 3 根或承台下的基桩数不大于 3 根时，应取低值。

6.3.2 单桩竖向抗压承载力特征值按下式确定：

$$R_a = Q_u / 2 \quad (6.3.2)$$

6.3.3 工程桩承载力测试应给出受检桩的承载力检测值，并评价单桩承载力是否满足设计要求。

6.3.4 测试报告应包含以下内容：

1 工程名称、地点，建设、勘察、设计、监理和施工单位，检测目的、依据、数量和检测日期；

2 地质条件描述、岩土体的力学指标，试桩平面位置图、相应的地质剖面图或柱状图及荷载箱埋设位置图；

3 检测桩的桩型、尺寸、桩号、桩位、桩顶标高、荷载箱参数、荷载箱位置以及相关施工记录；

4 加、卸载方法，检测仪器设备，检测过程描述及承载力判定依据；

5 原始数据记录表、汇总表和相应的 Q-s、s-lg$t$ 等曲线（若布置桩身应力传感器还应绘制桩身内力图和各岩土层摩阻力图）；

6 与检测内容相应的检测结论。

附录A 测试系统的安装与连接

A.0.1 自平衡法试验中检测桩的测试系统的安装与连接情况如图 A.0.1 所示。

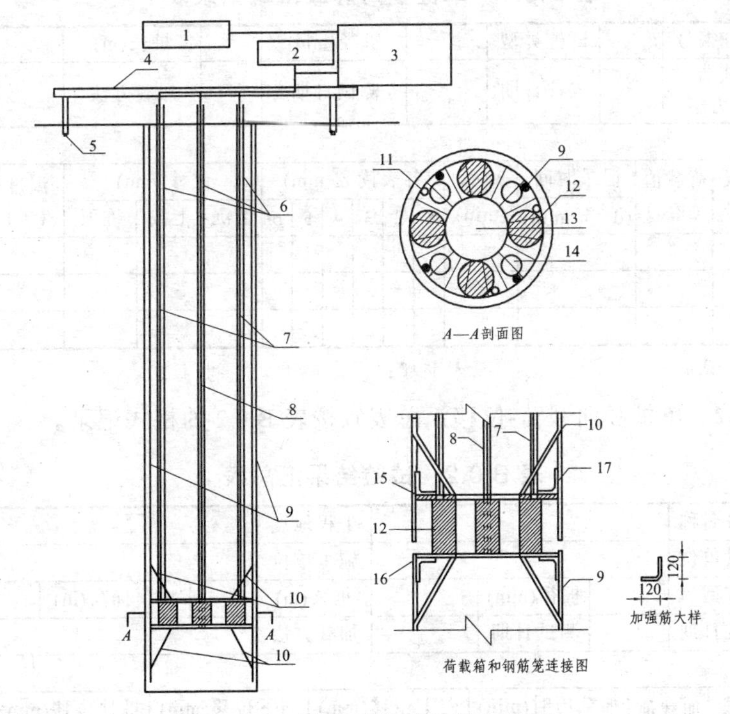

图 A.0.1 测试系统的安装与连接

1—加压系统；2—位移系统；3—静载试验仪（压力控制和数据采集）；4—基准梁；5—基准桩；6—位移杆（丝）护筒；7—上位移杆（丝）；8—下位移杆（丝）；9—主筋；10—导向筋（喇叭筋）；11—声测管；12—千斤顶；13—导管孔；14—翻浆孔；15—荷载箱上钢板；16—荷载箱下钢板；17—加强筋（数量直径同主筋）

附录 B　载荷试验记录表

B.0.1　单桩竖向载荷检测宜按表 B.0.1 的格式记录。

表 B.0.1　单桩竖向静载试验记录表

<table>
<tr><td colspan="2">试桩编号</td><td></td><td>试桩类型</td><td></td><td colspan="3">桩径(mm)</td><td colspan="3"></td><td colspan="2">桩长(m)</td><td></td></tr>
<tr><td colspan="2">桩端
持力层</td><td></td><td>成桩日期</td><td></td><td colspan="3">测试日期</td><td colspan="3"></td><td colspan="2">加载方法</td><td></td></tr>
<tr><td colspan="14"></td></tr>
<tr><td rowspan="2">荷载
编号</td><td rowspan="2">荷载值
（kN）</td><td>记录时间</td><td rowspan="2">间隔
(min)</td><td colspan="6">各表读数(mm)</td><td colspan="3">位移(mm)</td><td rowspan="2">温度
(°C)</td></tr>
<tr><td>(d　h　min)</td><td>1</td><td>2</td><td>3</td><td>4</td><td>5</td><td>6</td><td>下沉</td><td>上拔</td><td>桩顶</td></tr>
<tr><td></td><td></td><td></td><td></td><td></td><td></td><td></td><td></td><td></td><td></td><td></td><td></td><td></td><td></td></tr>
<tr><td></td><td></td><td></td><td></td><td></td><td></td><td></td><td></td><td></td><td></td><td></td><td></td><td></td><td></td></tr>
<tr><td></td><td></td><td></td><td></td><td></td><td></td><td></td><td></td><td></td><td></td><td></td><td></td><td></td><td></td></tr>
</table>

试验：　　　　　　　　资料整理：　　　　　　　　校核：

B.0.2　单桩竖向载荷-位移汇总表宜按表 B.0.2 的格式记录。

表 B.0.2　试验结果汇总表

<table>
<tr><td>试桩名称</td><td colspan="5"></td><td>工程地点</td><td colspan="3"></td></tr>
<tr><td>建设单位</td><td colspan="5"></td><td>施工单位</td><td colspan="3"></td></tr>
<tr><td>桩型</td><td></td><td>桩径(mm)</td><td colspan="3"></td><td>桩长(m)</td><td></td><td>桩顶标高(m)</td><td></td></tr>
<tr><td>成桩日期</td><td></td><td>测试日期</td><td colspan="3"></td><td>加载方法</td><td colspan="3"></td></tr>
<tr><td colspan="10"></td></tr>
<tr><td rowspan="2">荷载
编　号</td><td rowspan="2">加载值
(kN)</td><td colspan="2">加载历时(min)</td><td colspan="2">向上位移(mm)</td><td colspan="2">向下位移(mm)</td><td colspan="2">桩顶位移(mm)</td></tr>
<tr><td>本级</td><td>累计</td><td>本级</td><td>累计</td><td>本级</td><td>累计</td><td>本级</td><td>累计</td></tr>
<tr><td></td><td></td><td></td><td></td><td></td><td></td><td></td><td></td><td></td><td></td></tr>
<tr><td></td><td></td><td></td><td></td><td></td><td></td><td></td><td></td><td></td><td></td></tr>
<tr><td></td><td></td><td></td><td></td><td></td><td></td><td></td><td></td><td></td><td></td></tr>
</table>

试验：　　　　　　　　资料整理：　　　　　　　　校核：

B.0.3 自平衡法静载试验荷载箱参数宜按表 B.0.3 的格式记录。

表 B.0.3 自平衡法静载试验荷载箱参数表

序号	桩号	桩径(mm)	荷载箱型号	荷载箱参数				
				外径(mm)	内径(mm)	高度(mm)	额定加载能力(kN)	荷载箱位置

记录人： 校核人：

附录C 填充注浆施工记录表

C.0.1 注浆施工记录宜按表C.0.1的格式记录。

表C.0.1 填充注浆施工记录

工程名称				灌浆单位				
桩孔编号	注浆部位及深度(m)	注浆材料和配合比	注浆开始时间	注浆终止时间	注浆压力(MPa)	封孔保压时间(min)	注浆量(kg)	备注
注：注浆材料和配合比包括外加剂的名称和掺量。								

项目负责人： 校核人： 记录员：

本规程用词说明

1 为便于在执行本规程条文时区别对待，对于要求严格程度不同的用词说明如下：

1）表示很严格，非这样做不可的：

正面词采用“必须”；反面词采用“严禁”；

2）表示严格，在正常情况下均应这样做的：

正面词采用“应”；反面词采用“不应”或“不得”；

3）表示允许稍有选择，在条件许可时首先应这样做的：

正面词采用“宜”；反面词采用“不宜”；

4）表示有选择，在一定条件下可以这样做的，采用“可”。

2 条文中指明应按其他有关标准执行的写法为：“应按……执行”或“应符合……规程”。

引用标准名录

1 《建筑地基基础设计规范》GB 50007

2 《建筑基桩检测技术规范》JGJ 106

3 《建筑桩基技术规范》JGJ 94

4 《基桩静载试验自平衡法》JT/T 738

5 《基桩承载力自平衡检测技术规程》DB62/T25-3065

四川省工程建设地方标准

四川省基桩承载力自平衡法测试技术规程

DBJ51/T045 - 2015

条 文 说 明

目　次

1 总 则

1.0.1 随着高层建筑在省内的大量兴建，大直径、大吨位灌注桩逐年增加，用传统的静载试验法（堆载法和锚桩法）对大吨位桩基及特殊环境下的静载试验（水下、边坡、地下等）进行承载力测试时，因受到场地和加载能力等因素的约束，非常困难，以致许多大吨位和特殊场地的桩基础得不到可靠的承载力数据。

基桩承载力自平衡法是基桩承载力测试的一种新方法，是一种接近于竖向抗压桩的实际工作条件的试验方法。把一种特制的加载装置——荷载箱——预先放置在桩身平衡点或桩底，将荷载箱的高压油管和位移杆引到地面（平台）。由高压油泵在地面（平台）向荷载箱充油加载，荷载箱将力传递到桩身，其上部桩侧极限摩阻力及自重与下部桩侧极限摩阻力及极限桩端阻力相平衡来维持加载，从而获得桩的承载力。基桩自平衡法测试原理见图 1.0.1。

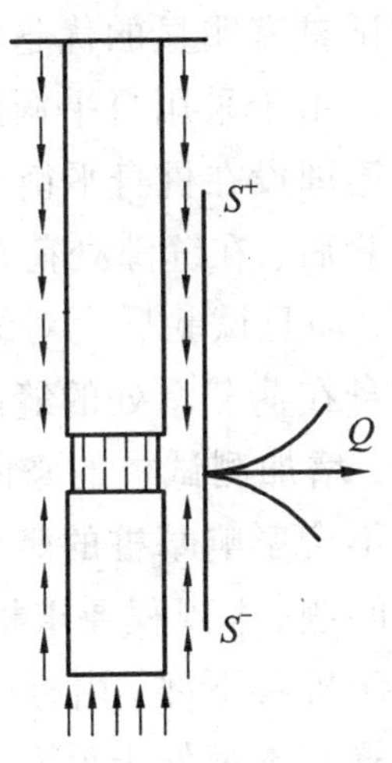

图 1.0.1 基桩自平衡法测试原理示意图

基桩承载力自平衡法具有许多优点：

1 装置简单，不受场地条件和加载吨位的限制、不需运入数百吨或数千吨堆料，不需构筑笨重的反力架，试验省时、省力、安全、无污染。

2 可分别直接测得桩侧阻力与端阻力。

3 试验后利用位移杆护套管对荷载箱千斤顶顶出后产生的空隙进行压力灌浆，试桩仍可作为工程桩使用。

4 与传统方法相比，试验综合费用低。吨位越大，场地条件越复杂，效果越明显。

1.0.2 基桩承载力自平衡法的原理是利用桩身反力的平衡实现对桩的加载。近几年的实践表明，基桩承载力自平衡法适用于黏性土、粉土、砂土、碎石土、岩层等地质情况中的人工挖孔桩、钻孔灌注桩等，特别适用于单桩竖向承载力高、受场地及现场客观条件无法进行传统竖向静载试验的基桩，对超高承载力、水上、坡地、基坑底、狭窄场地等特殊环境的试桩有明显的优越性。

由于采用自平衡法测试的桩均需要预埋设荷载箱，当荷载箱埋设在桩身平衡点时，试验后桩身在荷载箱处出现缝隙试验后，在缝隙处荷载箱作为刚性传力装置，可传递竖向荷载，而且试验后会对缝隙进行高压灌浆，灌浆不仅可以填充桩身在荷载箱处的缝隙，而且还会在该缝隙处形成一个扩大头，增加测试桩的竖向承载力，因此在荷载箱处出现缝隙基本不会影响基桩的竖向承载力。对于是否会影响水平承载力的问题，本规程要求桩身平衡点处于基桩中点以下即荷载箱位于桩身下部，由桩受力特点可以知道，桩身埋设荷载箱的位置基本都处于反弯点以下，其承受的水平承载力很小，几乎为零，因此其对桩水平承载力也没有影响。

2 术语和符号

2.1 术 语

2.1.2 本定义中引入“平衡点”概念，平衡点是在理论上将桩视为一维杆件时桩身中的某一点（实际中应为一断面），该点以上桩侧负摩阻力和桩身自重的合力与该点以下桩侧摩阻力和桩端阻力的合力大小相等。荷载箱放置在“平衡点”加载才能同时测出上段桩和下上段桩的极限承载力值。将荷载箱放置在“平衡点”技术上是合理的，投入上也是经济的，但在实际工程中“平衡点”的确定是一个困难而复杂的问题。在试验之前根据岩土工程勘察报告等资料和试桩经验来确定“平衡点”，存在一定的偏差是完全可能的，偏差的存在会造成上、下两段桩很少同时达到预先估计的极限条件，即其中一段达到极限承载力，另一段可能还没有达到，由此判定的单桩极限承载力小于真实的极限承载力，故结果偏于保守。

3 基本规定

3.0.1 本条规定的试桩数量，与《建筑基桩检测技术规范》JGJ 106一致。本条规定的试桩数量仅仅是下限，是保障合理评价试桩结果的低限要求，基桩承载力自平衡法试验在成都地区经验不足，工程验收试验可根据实际情况增加检测数量。

本规程所指的“同一条件”是指“地基条件、桩长相近，桩端持力层、桩型、桩径、沉桩工艺相同”。

3.0.2 为设计提供依据的试桩，当需加载至破坏时，最大加载值可由试验场地的岩土工程勘察报告计算的单桩极限承载力的1.2～1.5倍确定；对工程桩，承载力校核时最大加载值取单桩承载力特征值的2倍或按设计要求极限值取值。

3.0.3 在工程实际测试中，要将荷载箱埋置在平衡点，但四川地区桩身平衡点置于桩中部或以上的试验不足，根据四川地区的土性及自平衡法的特点，本规范规定桩身平衡点置于桩下部时才可应用于自平衡法静载试验；当平衡点以上桩侧阻力和桩身自重的合力小于该点以下桩侧阻力和桩端阻力的合力时，将荷载箱置于桩端。

3.0.5 因为自平衡检测仪器设备都在地面上，为便于位移测量仪表的安装，试桩顶部宜高出试坑地面；为使试验桩受力条件与设计条件一致，试坑地面宜与承台底标高一致。

3.0.6 荷载箱在桩体内部加载后，箱体上下的桩体均发生一定的位移，由于抗压桩荷载箱埋设在设计桩端标高以上，为确保测试后桩正常使用，施工单位必须对抗压桩测试时荷载箱部位产生的缝隙进行注浆处理。

试验时，组成荷载箱的千斤顶缸套和活塞之间产生相对滑移，荷载箱处的混凝土被拉开（缝隙宽度等于卸载后向上向下残余位移之和），但桩身的其他部分并未破坏，上、下两段桩仍被荷载箱连在一起。试验后，通过位移杆（丝）护套管，用注浆泵将加入膨胀剂、不低于桩身强度的水泥浆注入，检测桩就仍可作为工程桩使用。这是因为：

1 注浆不仅填满荷载箱处混凝土的缝隙，使该处桩身强度不低于试验前，而且还相当于桩侧注浆，使荷载箱以上一定范围内的桩身侧摩阻力提高。也就是说，试验后的桩经注浆处理承载力比原来要高。

2 试验时已将桩底沉渣和土压实，试验后的桩沉降量要比试验前小很多。

4 检测系统及安装

4.1 一般规定

4.1.2 加载用的荷载箱是一种特制的油压千斤顶，它需要按照桩的类型、截面尺寸和极限承载力专门设计生产，使用前应经法定计量部门按不小于1.2倍预估极限承载力同相应的压力表进行整体标定，荷载箱极限加载能力应大于预估极限承载力的1.2倍。

4.2 加载系统

4.2.1 对试验用的荷载箱作出基本要求，鉴于自平衡荷载箱系基桩承载力自平衡法检测的关键设备，而且试验前一次性埋入，其过程控制具有不可逆性。尽管可以在埋设设备前，通过率定油压及加载力的线性关系等方法来预先测试部分性能，但是由于地下工程的隐蔽性和复杂性，本着从严的要求，本规程规定，荷载箱必须采用国家建筑工程质量监督检验机构——国家建筑工程质量监督检验中心认可的合格服务及供应商的产品，以杜绝将不合格的自平衡荷载箱用于本地区的试验中。

4.2.6 为了保证桩基的成桩质量及使用安全，要求荷载箱的构造应能保证荷载箱千斤顶顶出后产生的空隙有利于水泥浆液的充分填充，埋设在桩身的荷载箱外部形状设计应有利于浮渣被排出，避免浮渣停滞在荷载箱的底部造成局部强度过低，加载过程中被荷载箱压碎或变形过大，导致试验失败，更可能影响桩的桩身质量。因此荷载箱宜采取利于翻浆的措施，以便于沉渣被排出（见图 4.2.6）。

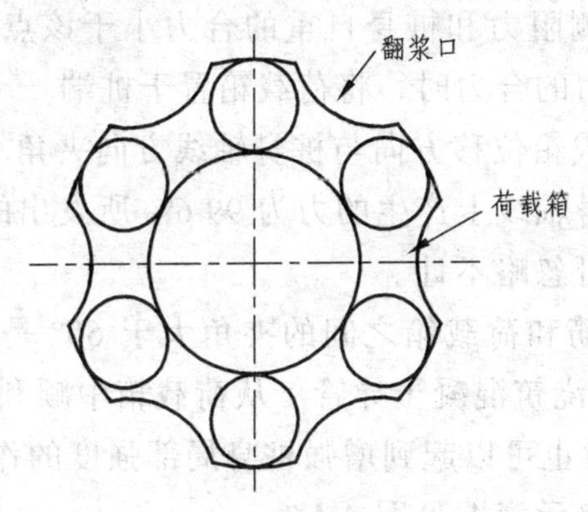

图 4.2.6　荷载箱与翻浆口

4.2.7　对加载系统的精密和系统的耐压性能提出要求。

4.3　位移测试系统

4.3.5　基准桩和基准梁都必须具有一定的刚度，基准梁的截面高度不宜小于其跨度的 1/40，基准桩的线刚度不宜小于基准梁线刚度的 3 倍；基准桩应打入地面以下足够的深度，一般不小于 1 m，基准梁不宜过长，并根据周围环境的情况采取一定的防护措施，如在试验中整个基准桩和基准梁都用帐篷等设备遮盖，以减少温度等外界因素的影响。

4.4 系统安装

4.4.1 荷载箱放置位置决定自平衡检测能否顺利完成的关键，根据四川地区的土性及自平衡法的特点，本规范规定桩身平衡点置于桩下部时才可应用于自平衡法静载试验；当平衡点以上桩侧阻力和桩身自重的合力小于该点以下桩侧阻力和桩端阻力的合力时，将荷载箱置于桩端。

4.4.2 当荷载箱位移方向与桩身轴线方向夹角小于 5° 时，荷载箱在桩身轴线上产生的力为 99.6% 所发出的力，其偏心影响很小，可忽略不计。

4.4.3 喇叭筋和荷载箱之间的夹角大于 60° 是为便于导管（清底导管、浇筑混凝土导管）从荷载箱中顺利通过。焊接喇叭筋，同时也可以起到增强桩身局部强度的作用。荷载箱与钢筋的连接示意图见图 4.4.3。

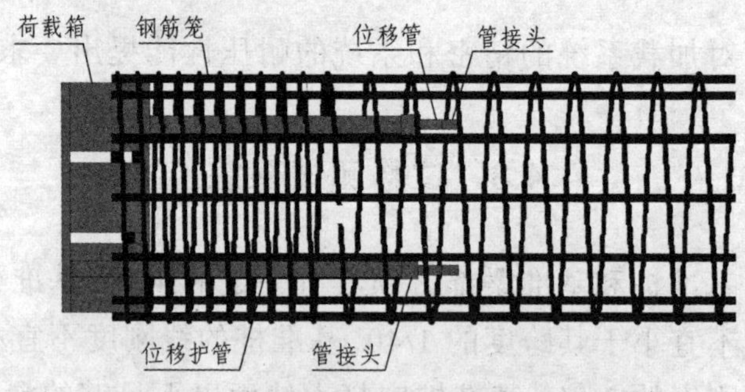

图 4.4.3 荷载箱与钢筋笼连接示意图

4.4.4 位移杆须具有一定的刚度，桩长小于等于 40 m，可用直径 25 mm ~ 30 mm 的钢管作为位移杆；桩长大于 40 m，则宜用细钢丝绳作为位移杆。

5 现场测试

5.1 一般规定

5.1.1 本条是检测机构应遵循的检测工作程序。实际执行检测程序中，由于不可预知的因素，如委托要求的变化、现场调查情况与委托方介绍的不符，或在现场检测尚未全部完成就已发现质量问题而需要进一步排查，都可能使原检测方案中的抽检数量、受检桩桩位、检测方法发生变化。检测程序并非一成不变，可根据实际情况动态调整。

5.1.2 本条提出的检测方案内容为一般情况下包含的内容，某些情况下还需要包括场地开挖、道路、供电、照明等要求。有时检测方案还需要与委托方或设计方共同研究制定。

5.2 测试准备

5.2.2 检测所用计量器具必须送至法定计量检定单位进行定期检定，且使用时必须在计量检定的有效期之内，这是我国《中华人民共和国计量法》的要求，以保证基桩检测数据的准确可靠性和可追溯性。虽然计量器具在有效计量检定周期之内，但由于基桩检测工作的环境较差，使用期间仍可能由于使用不当或环境恶劣等造成计量器具的受损或计量参数发生变化。因此，检测前还应加强对计量器具、配载设备的检查或模拟测试；有条件时，可建立校准装置进行自校，发现问题后应重新检定。

5.2.4 常规自平衡测试，桩头无需单独处理，当为增加试验反力需要堆放一定数量配重检测时，砼桩头应进行处理。

5.3 现场试验

5.3.1 自平衡法检测的桩的单桩承载力均较高，该方法使用经验极为有限，所以规定采用慢速维持荷载法进行检测。检测的分级等要求参照《建筑基桩检测技术规范》JGJ 106 的相应条款。

5.3.3 参考了《建筑基桩检测技术规范》JGJ 106 中加载方法的相关规定。

5.3.4 本条主要参照《建筑基桩检测技术规范》JGJ 106 的相应条款。由于自平衡法测量的位移包括荷载箱上段和下段的位移，且两者的位移通常不一致，所以规定的终止条件以其中之一达到条件为准。放宽桩顶总位移量控制标准是为了充分发挥桩端承载力。

该条文中“在特殊情况下，根据具体要求，可加载至累计位移量超过 80 mm”的原因是，非嵌岩的长（超长）桩和大直径（扩底）桩的 Q-s 曲线一般呈缓变型，在桩顶沉降达到 40 mm 时，桩端阻力一般不能充分发挥。前者由于长径比大、桩身较柔，弹性压缩量大，桩顶沉降较大时，桩端位移还很小；后者虽桩端位移较大，但尚不足以使端阻力充分发挥。特殊情况指非嵌岩的长（超长）桩和大直径（扩底）桩桩端阻力未充分发挥时，可考虑加载至累计位移量超过 80 mm。

5.4 荷载箱填充注浆

5.4.1 预埋注浆管根数可根据不同桩径设置，一般情况下，当桩径不大于 1.0 m 时，可设置 2 根；当桩径大于 1.0 m 时，应设置 2 根以上。注浆管从荷载箱内孔通过，底部置于荷载箱下承压板上，并可在荷载箱内呈环状弯曲，以增大注浆接触面，箱内注浆管上设置直径 3 mm ~ 5 mm 注浆孔，并采用胶布封孔。

5.4.2 注浆方法可采用压力灌浆法或真空灌浆法，应采用多次注浆。当有成熟经验时，可按经验方法进行注浆处理。压浆机械使用活塞式压浆泵，压力灌浆注浆压力根据施工现场实际情况确定，一般情况下为 0.2 MPa ~ 2.0 MPa。真空灌浆在压浆期间抽出的真空压力应保持在 – 0.08 MPa ~ – 0.1 MPa。注浆前可用清水灌注，确保注浆通道连通。水泥宜使用硅酸盐水泥和普通水泥，且不得有结块，强度不应低于 42.5 MPa。外加剂宜采用低含水量、流动性好、具膨胀性等特性的外加剂。

注浆加固一般采用水泥浆混合料，且应符合下列规定：水灰比宜为 0.45 ~ 0.55，水泥浆中可掺入适量的膨胀剂，但其自由膨胀率应小于 10%。

由于压浆后的固结体强度（无侧限抗压强度度）一般在 10 MPa ~ 15 MPa，与桩体强度有一定的差距。根据工程经验，固结体的有侧限抗压强度一般为无侧限抗压强度的 1.5 ~ 3 倍，而自平衡桩荷载箱注浆后的固结体与此情况极为相似。类似工程桩断桩后采取压力灌浆或旋喷桩加固后，变形监测显示处理后对工程质量影响很小。

当注浆深度不大于 20.0 m 时，可采用压力灌浆法或真空灌浆法进行注浆；当注浆深度大于 20.0 m 时，应采用真空灌浆方法注浆进行注浆。浆体严格按照配合比进行称量配料，同时搅拌机在拌制灌注浆体前，应加水空转搅拌数分钟，将积水排净，并使其内壁充分湿润，在全部浆体用完之前再投入原材料，不得采取边出料边进料的方法，搅拌好的水泥浆须一次用完。

水泥浆体经搅拌机充分搅拌均匀后方可压注，注浆过程中应不停缓慢搅拌，浆液在泵送前应经过筛网过滤。

5.4.3 注浆前一般要求对注浆管及空隙进行冲洗，把因荷载箱千斤顶撑开、负压吸入的泥浆等杂质冲洗干净。

5.4.4 为确保压力灌浆处理的效果，应严格按规范要求做好注浆记录。正常灌浆后，为确保桩内灌浆饱满，应对注浆管口进行封孔保压，保压时间不小于 5 min，并记录灌浆量。

6 测试数据的分析与判定

6.1 试验数据分析

6.1.1 为使曲线图结果直观、便于比较，同一工程的一批试桩曲线应按相同的位移纵坐标比例绘制。

6.1.2 $Q_{u上}$-$s_{上}$、$Q_{u下}$-$s_{下}$的确定参考了《建筑基桩检测技术规范》JGJ 106 单桩竖向抗压极限承载力Q_u的确定方法。

6.2 单桩极限承载力的确定

6.2.1 荷载箱上段桩侧阻力修正系数自平衡检测时，荷载箱上部桩身自重方向与桩侧阻力方向一致，故在判定桩侧阻力时应当排除。本法测出的上段桩的摩阻力方向是向下的，与常规静载试验所测桩摩阻力方向相反。采用常规传统方法加载时，侧阻力将是土层压密；而采用自平衡法加载时，上段桩侧阻力将使土层减压松散，故该法测出的桩摩阻力小于实际摩阻力，国内外大量的对比试验已证明了这点。

本规程荷载箱上段桩侧阻力修正系数：对于碎石土、砂土，取 0.7；对于黏性土、粉土，取 0.8；对于岩石，取 1.0。可满足工程要求，而且是偏安全的。

6.2.2 对于桩端为黏性土、粉土、砂土、碎石土的大直径桩端阻力尺寸效应系数，按《建筑基桩检测技术规范》JGJ 106

中相关规定取值，对于软岩可参考黏性土取值，对于硬岩尺寸效应系数可取 1.0。

6.2.3 对扩底的大直径端承桩，单桩竖向抗压极限承载力的确定除考虑桩端极限阻力测试值外，根据实际情况，可考虑桩侧阻力。

6.3 单桩承载力结果评价

6.3.1 引用《建筑基桩检测技术规范》JGJ 106，对为设计提供依据的静载试验的单桩竖向极限承载力统计值的取值做出规定。

6.3.2 《建筑地基基础设计规范》GB50007 规定的单桩竖向抗压承载力特征值是按单桩竖向抗压极限承载力统计值除以安全系数 2 得到的，综合反映了桩侧、桩端极限阻力控制承载力特征值的低限要求。

6.3.4 本条规定了检测报告中应包含的一些基本内容，避免检测报告过于简单，也有利于委托方、设计及检测部门对报告的审查和分析。